D1695784

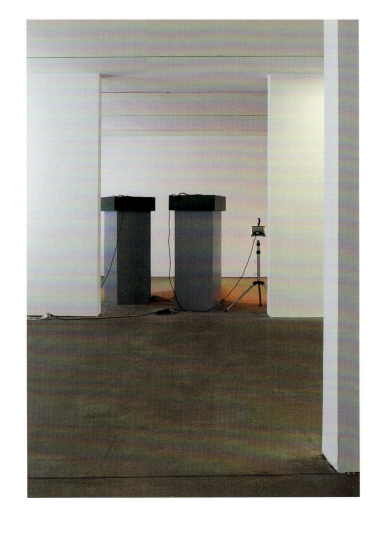

# MARKUS WIRTHMANN

Äolische und andere Prozesse

Aeolian and other processes

Kunstverein Grafschaft Bentheim 2008

**Äolische Prozesse – Wüste Neuenhaus 2008**

Ventilatoren, Wind- und Sandleiteinrichtungen, div. Elektrik, Quarzsand.
Maße der gesamten Installation 10 x 5 x 3 m

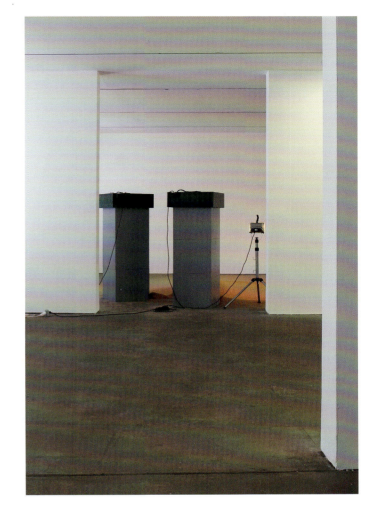

# MARKUS WIRTHMANN

Äolische und andere Prozesse

Aeolian and other processes

Kunstverein Grafschaft Bentheim 2008

**Äolische Prozesse – Wüste Neuenhaus 2008**
Ventilatoren, Wind- und Sandleiteinrichtungen, div. Elektrik, Quarzsand.
Maße der gesamten Installation 10 x 5 x 3 m

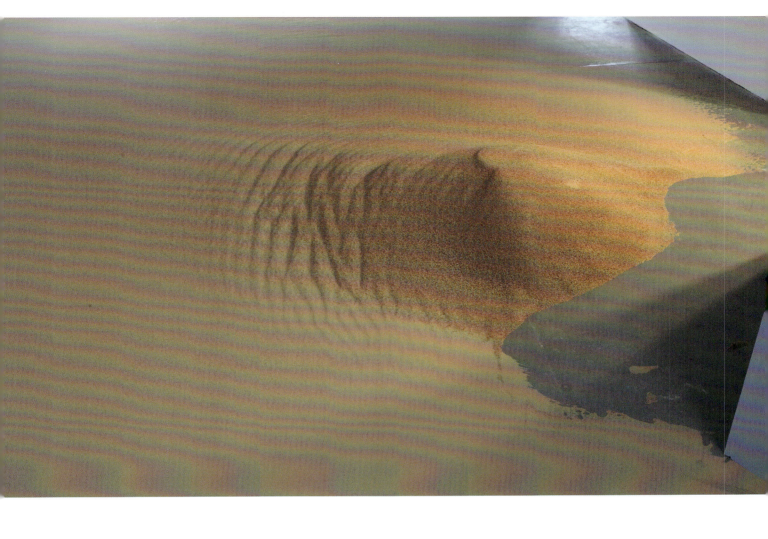

**Aeolian Processes – Neuenhaus Desert 2008**

Fans, wind, and sand control equipment, div. electrical devices, quartz sand.
Dimensions of the entire installation 10 x 5 x 3 m

  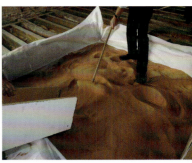

**Flüchtige Skulpturen**

Sand rieselt, Windmaschinen blasen, und an der Wand hängen Serien von C-Prints, deren Gegenstand Ingredienzen aus Küche und Haushalt sind. Scannervariationen. Küchenwissenschaften und Äolische Prozesse.
Magister Wirthmann simuliert seriell einfache Vorgänge und baut unterwegs seine Wanderlaboratorien auf. Ob anläßlich der Verleihung des Otto-Dix-Preises in der Orangerie der Kunstsammlung Gera 2003 oder im Jahr 2008 in den Räumen des Kunstverein Grafschaft Bentheim in Neuenhaus. Immer kommt es zu völlig unterschiedlichen und spannenden Inszenierungen, in denen die Vorrichtungen und Werkzeuge die gleiche Rolle spielen wie die Ergebnisse ihres Einsatzes.
Zuerst ist man bei der Betrachtung alleingelassen, es fehlt das zu erwartende ästhetische Gegenüber, das künstlerische Objekt der Begierde. Vorerst gibt es nichts, was dem bürgerlichen Anspruch an Kunst genügen würde. Nun ist man aus zeitgenössischen Ausstellungshallen und Museen vieles gewohnt und als Betrachter mit der Aufgabe vertraut, den Sinn der Kunst durch sein eigenes Mitwirken zu erzeugen. Das klappt manchmal fast von selbst. So installiert Markus Wirthmann im Jahr 2000 einen Wasserfall im leeren Gebäude des stillgelegten Riesenkraftwerkes Vockerode bei Dessau. Das Kraftwerk Vockerode hat das gefühlte Volumen der Titanic. Dahinter fließt in breitem Strom die Elbe. Wörlitz ist um die Ecke, und man befindet sich in einem riesigen Biosphärenreservat. Der erlebbare künstlerische Effekt war hier durchaus ein merkbarer. Man sah die Instrumente des Künstlers und dachte die Umstände mit, fühlte sie geradezu. Durch dieses Gebäude waren enorme Kaskaden von Wasser geflossen, um Dampf und Energie zu erzeugen. Jetzt stand da ein lichtdurchfluteter Wasserfall. Die Natur- und Industriegeschichte hatte sich an diesem Ort durch das Kunstwerk zu ihrem Anfang zurückgedreht.
Vieles an den ästhetischen Wirkkräften der Kunst ist den gewählten Werkgrößen und Orten zu danken. Wirthmann ist da meist zurückhaltend und in seiner

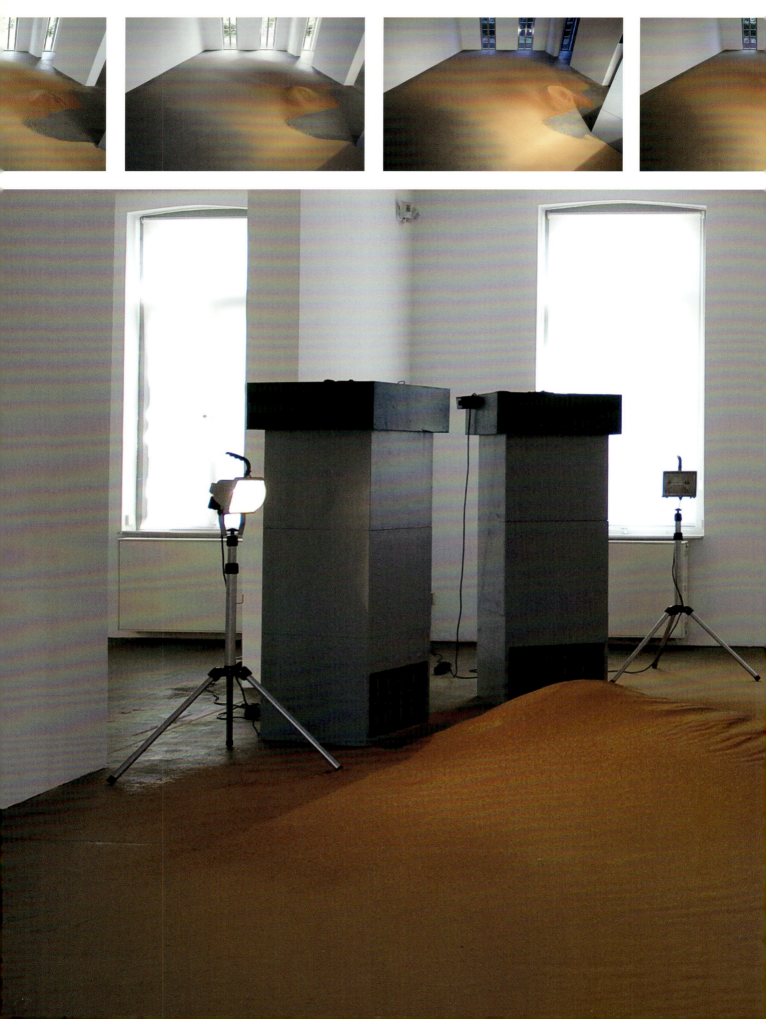

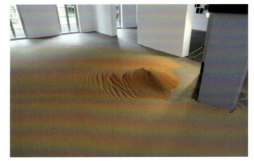

Anlage der Installation präzise. Mit wenigen und einfachen technischen Konstruktionen zielt er auf den Affekt beim Betrachter. Die äolischen Prozesse, die er in mehreren Ausstellungen thematisiert hat, leben durch die recht unterschiedlichen Ausführungen der laboratoriumsmäßigen Anordnung. Er zeigt die Werkzeuge, die Instrumente und läßt den Betrachter in das unspektakuläre Ereignis eintauchen. Gerade durch diese Zurückhaltung, Einfachheit, aber auch Stringenz ergibt sich das gewünschte Ergebnis. Der Rezipient hat die Möglichkeit, sich auf das subtile Spiel einzulassen, aus dem eigentlichen Nichts, der Leerstelle an Kunst, entsteht das charismatische Element. Einfühlung und Reflexion können so zu einem wirklichen Erlebnis werden.

So heißen zum Beispiel zwei Installationen „Kaskadisches Volumen-Annäherungsverfahren", aufgebaut im Jahr 2005 in Gießen und in Aschersleben. Da fragt man sich zuerst, was ist denn das für eine schräge pseudowissenschaftliche Benennung, und dann steht man davor, sieht den Sand durch Etagen wie im Regal rieseln und ist fasziniert von den Kratern und Tälern, die entstehen. Ein Landschaftserlebnis mit geomorphologischem Hintergrund stellt sich ein. Ironisch verfremdet kommt man so zu einem Erlebnis wie im Gebirge – oder als stünde man vor einem Bild Caspar David Friedrichs.

Man versteht das Weltmodell.

Ausgangspunkt der Beschäftigung mit Sand als skulpturalem Element war ein Aufenthalt in der Namib-Wüste anläßlich eines Symposiums im Jahr 2001. Dort konstruierte Markus Wirthmann, mit ausschließlich vor Ort aufgefundenem Material, ein Observatorium zur Sonnenbeobachtung. Dabei erkundete er fast nebenbei Wüstendünen, die im Großmaßstab die Folge „äolischer Prozesse"(1) sind. Daraus entstanden zwei große Installationen, „Äolische Prozesse - Wüste, Kunstbank Berlin 2005" und „Äolische Prozesse - Wüste, Kunstsammlung Gera 2004". Im White Cube simulierte der Künstler diese äolischen Prozesse en miniature, geschrumpft und pars pro toto fürs Museum angepasst. Die Mittel sind dabei wie üblich absichtlich einfach gehalten: Ventilatoren, Windleiteinrichtung, Aluleiter, Behälter, div. Elektrik, Quarz- und Dünensand.

Neben dem vorherrschenden Element der technischen Abläufe bzw. der Ausstellung ihrer recht trockenen Ergebnisse findet sich bei Markus Wirthmann immer

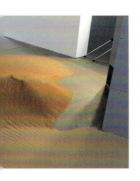 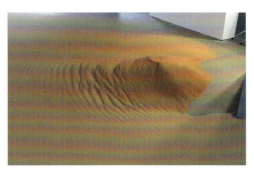 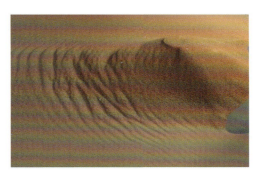 

ein heiteres Element, das über Ironie den Zugang zu den Arbeiten ermöglicht. In Neuenhaus ist es das Technische, sozusagen das Skelett der Ausstellung, eine dünenähnliche Anmutung von Sand und ein Gebläse. Daneben hängen Serien von C-Prints mit Abfolgen von organisch wirkenden Farbelementen, die minimale Veränderungen der Anordnungen und leichte Verläufe ihrer Elemente aufweisen. Als Werkzeug steht dahinter ein Scanner, zweckentfremdet eingesetzt in der Küche.

Küchenwissenschaften ist diese Serie genannt. In einem überbordenden Hype der Publizität des Kochens und des immer weniger ausgeübten praktischen Zubereitens von Speisen in deutschen Küchen greift Markus Wirthmann zu den Zutaten und macht sie bildwürdig. Er erzeugt die Kunst in der Küche. Balsamico-Essig, Öl, Ketchup, Senf etc. werden zum Rohstoff der Bilder. Die Flüssigkeiten verlaufen ineinander und ergeben immer wieder neue Bildkompositionen.

So nimmt der Künstler den Hype – es wird allen Ernstes bereits von Küchenwissenschaften gesprochen (2) – auf und dreht ihn ironisch in den seriellen Kunstkosmos. Bildwürdigkeit und Kochfähigkeit durchdringen sich exemplarisch für Abläufe der Kunstproduktion.

Sein Ausgangspunkt ist der Homo Ludens, er zwingt ihn und sich aber zum plastischen, sicht- und nachvollziehbaren Ergebnis. In der Geschichte seiner Arbeiten zeigt sich die dahinterstehende Stringenz. Seine temporären Plastiken sind allerdings flüchtige, was der Zeit angemessen erscheint.

Peter Lang, 2008


(1) Winde führen durch die ihnen eigene Energie in Kontakt mit dem Untergrund zu Abtragungs-, Transport- und Akkumulationsprozessen, die sich in Abtragungs- und Akkumulationsformen niederschlagen und in Transportphänomenen beobachten lassen. Die Größenordnungen äolischer Formen reichen von wenigen Zentimetern bis hin zu mehreren hundert Metern.
(2) Drei Sterne für Einstein: Neues aus der Küchenwissenschaft, von Robert L. Wolke

**Äolische Prozesse – Wüste Gera  2004**
Tischgestelle, Glasplatten, Ventilatoren, Windleiteinrichtung, Stahlböcke,
div. Elektrik, Quarz- und Dünensand. Maße der gesamten Installation variabel,
Labortische mit Glasplatten jeweils 200 x 150 x 75 cm

**Fleeting Sculptures**

The sand trickles, wind machines blow, and on the wall are series of C-Prints showing kitchen and household ingredients. Scanner variations, the kitchen sciences, and Aeolian processes. Master Wirthmann simulates simple serial processes and, while doing so, he sets up his wandering laboratories. It does not matter if it was on the occasion of the Otto-Dix-Prize award ceremony in the Orangery at the Kunstsammlung Gera in 2003, or in 2008 in the rooms of the Kunstverein Grafschaft Bentheim in Neuenhaus: The result is always a wholly different and exciting staging each time, in which devices and tools play the same role as the results of their use.

First we feel abandoned when we look, missing the aesthetics in the things we are looking at, the artistic object of desire. Initially there is nothing that would comply with bourgeois standards of art. These days we are accustomed to an awful lot in the contemporary exhibition halls and museums, and as viewers we are used to making sense of the art by taking an active part in it. Sometimes,

**Aeolian Processes – Gera Desert 2004**

Table racks, sheets of glass, fans, wind guidance mechanism, steel supports, div. electrical fittings, quartz and dune sand. Measurements variable, laboratory benches with sheets of glass, each 200 x 150 x 75 cm

this almost functions automatically. For example, Markus Wirthmann installed a waterfall in an empty building of the gigantic power station at Vockerode near Dessau in 2000. The Vockerode power plant has a volume that feels like the Titanic. Behind it lies the broad expanse of the Elbe. Wörlitz is just around the corner, and we find ourselves in a huge biosphere reservation.
It was certainly remarkable to experience this artistic effect. We saw the artist's instruments and it was like thinking through the conditions along with him, even to the point of feeling them. Once enormous cascades of water flowed through this building in order to produce steam and energy. Now there was a waterfall flooded with light. The history of nature and industry had returned to its beginnings in this location through this work of art.

Much of the aesthetic power of art is owed to the sizes and locations chosen for the works. Most of the time Mr. Wirthmann shows considerable restraint in this, meticulously setting up his installation. Using only a few simple technical constructions, he aims at an effect in the viewer. The Aeolian processes, which he has taken as theme in several exhibitions, become alive through the highly varying executions of the laboratory-like set-ups. He shows the tools, the instruments, and causes the viewer to immerse himself in the unspectacular event. Precisely because of this restraint and simplicity, but also stringency, the desired result is achieved. The viewer has the possibility of entering into the subtle play. Out of what is actually nothing, the void in art, there arises a charismatic element. Empathy and reflection may thus become a real experience.
For example, two of his installations "Cascading Volumes – Approximation Approaches", were set up in Gießen and Aschersleben in 2005. We first ask ourselves, what kind of crazy pseudo-scientific title is that? But then, standing before the work, watching the sand trickle through the different levels like in a bookshelf, we are fascinated by the craters and valleys that come about.
A landscape experience with geomorphologic background comes into being. Through an ironic alienation effect we thus come to experience it as we do the mountains – or as if we were standing before a painting by Caspar David Friedrich. We understand the model of the world.

The departure point for dealing with sand as a sculptural element was a stay in the Namibian Desert while attending a symposium in 2001. There Markus Wirthmann constructed an observatory for watching the sun by using only material he had found on location. While he was doing this, it was almost incidental that he found out about the desert dunes, which are large-scale results of "Aeolian processes"[i]. Two large installations came about, "Aeolian Processes – Desert, Kunstbank Berlin 2005" and "Aeolian Processes – Desert, Kunstsammlung Gera 2004". In the White Cube, the artist simulated these

**Äolische Prozesse – Wüste Kunstbank Berlin 2004**
Ventilatoren, Windleiteinrichtung, div. Elektrik, Quarz- und Dünensand. Maße der gesamten Installation variabel
**Aeolian Processes – Kunstbank Berlin Desert 2004**
Fans, wind and sand control equipment, div. electrical devices, quartz and dune sand. Dimensions variable

**Äolische Prozesse – Irreguläre Dünen 2003 – 2006**

Quarz- und Dünensand. Maße variabel

**Aeolian Processes – Irregular Dunes 2003 – 2006**

Quartz and dune sand. Dimensions variable

Aeolian processes in miniature, reduced in scale and *pars pro toto* in order to adapt them to the museum. The means he used in doing so were, as usual, kept intentionally simple: ventilators, equipment to channel the wind, an aluminum ladder, containers, various electrical devices, and quartz and dune sand.
In addition to the prevailing element of the technical procedures and the exhibition of their rather dry results, respectively, there is always a humorous element in Markus Wirthmann's works, which allows us to access the works by means of irony. In Neuenhaus it is the technical things, the skeleton of the exhibition so to speak, a dune-like semblance made of sand and a fan. Next to these hang series of C-Prints with successions of color elements that seem organic, displaying minimal changes in the set-ups and slight runnings of their elements. Standing behind this as a tool there is a scanner, put to inappropriate use in the kitchen. Kitchen Sciences is the name of this series. In an overly-hyped publicity of cooking and the increasingly less-practiced preparation of meals in German kitchens, Markus Wirthmann takes the ingredients and makes them worthy of a picture. He produces art in the kitchen. Balsamic vinegar, oil, ketchup, and mustard become the raw materials of his pictures. The liquids run into each other and lead to repeatedly new picture compositions. In this way, the artist takes up the hype – in all seriousness we already refer to culinary sciences[ii] – and ironically turns it into the serial cosmos of art. Its worthiness as a picture and its ability to be cooked intersect in an exemplary manner for the processes of art production. His departure point is the Homo Ludens, whom he forces, along with himself as well, to a plastic result at once visible and comprehendible. There is stringency throughout the history of his works. His temporary sculptures are, however, something fleeting, which seems to be in keeping with the times.

Peter Lang, 2008

[i] Winds lead by means of their own energy to contact with the basis to erosion, transport and accumulation processes, which are recorded in forms of erosion, and accumulation, and in phenomena of transport. The dimensions of the Aeolian forms range from a few centimeters to several hundred meters.
[ii] Drei Sterne für Einstein: Neues aus der Küchenwissenschaft, by Robert L. Wolke.

**Küchenwissenschaften / Kitchen Sciences**
rechts: 09. Versuch 01. Version 2008
opposite: 09th Trial 01st Version 2008

Bei den Bildern aus der Serie „Küchenwissenschaften" handelt es sich um Arbeiten, die mit Hilfe eines Flachbettscanners entstanden sind. Lebens- und Reinigungsmittel wie Sojasauce, Ketchup, Senf, Pflanzenöle, aber auch Hülsenfrüchte, Haarwaschmittel und farbige Softdrinks kommen bei der Bilderzeugung zum Einsatz. Die Stoffe werden einzeln und nacheinander auf den Objektträger des Scanners aufgebracht und gescannt. Die Substanzen reagieren auf- und miteinander, sie vermischen sich oder grenzen sich gegeneinander ab. Es entstehen neue Zusammensetzungen und Mischungen. Nach jedem Zusetzen einer neuen Substanz wird der Scanvorgang gestartet, und es wird eine Ebene erzeugt, die in eine Datei geschrieben wird, um am Ende des Durchgangs mit anderen Schichten des gleichen Durchgangs kombiniert zu werden. Die Schichten bilden eine Art zeitliches Protokoll jedes einzelnen Scandurchgangs. Die Verläufe, Mischungen und Fließbewegungen der verschiedenen Stoffe auf der Glasplatte des Scanners sind auch nach Fertigstellung des Scans in den Schichtungen gespeichert und geben dem Scan eine scheinbare optische Tiefe, die den Faktor Zeit im Prozeß sichtbar werden läßt. Am Ende des Prozesses steht die Auswahl der zu verwendenden Schichten. Diese werden als transparente Datensätze hintereinander gestapelt und schließlich auf Fotopapier belichtet.

**Küchenwissenschaften / Kitchen Sciences**
oben: Blick in die Ausstellung im Kunstverein / rechts: 02. Versuch 05. Version 2008
above: View of the installation at the Kunstverein / opposite: 02nd Trial 05th Version 2008

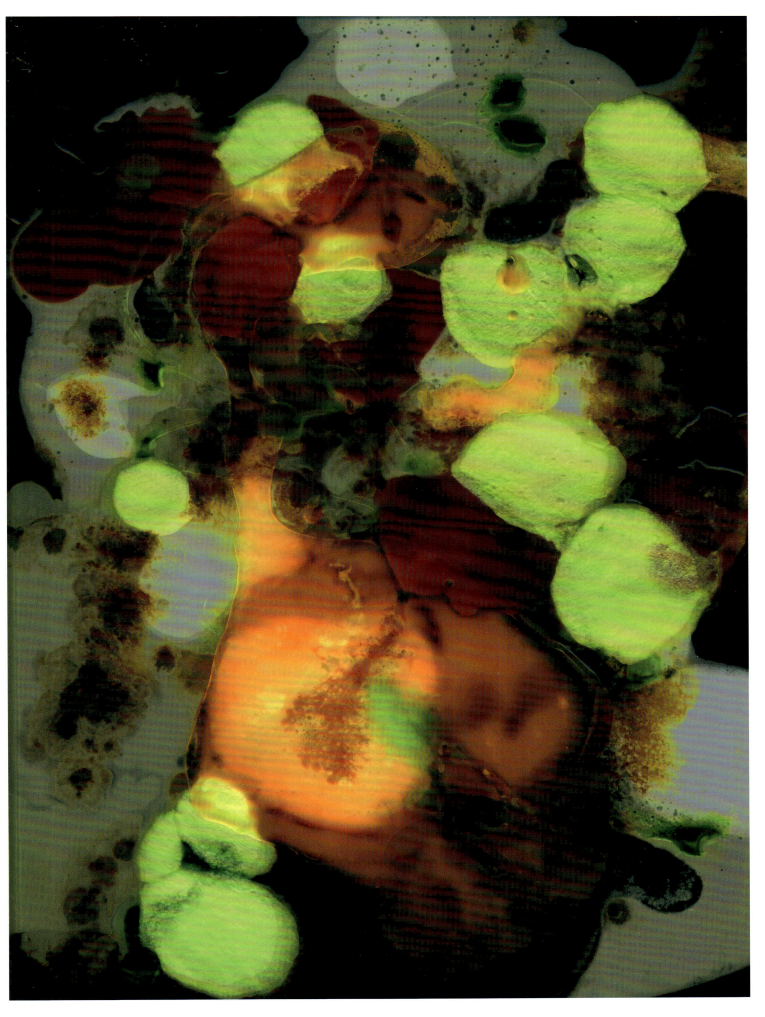

The pictures in the 'Kitchen Sciences' series are works that came about using a flatbed scanner. Food and cleaning fluids, things like soy sauce, ketchup, mustard, vegetable oils, but also legumes, shampoos, and colored soft-drinks, are all used in the creation of the picture. The materials are applied individually and in succession to the carrier-surface of the scanner. The substances react to and with one another, mixing or repelling each other. New concoctions and mixtures come about. After each addition of a new substance a scan is made, producing a picture of the layer that is stored in a file so that at the end of the process, it may then be combined with the other layers of the same process. The layers form a kind of temporal protocol of each individual scanning. The runs, mixtures, and flow movements of the various materials on the glass plate of the scanner are then stored in the layers after scanning has been completed, giving the scan the appearance of optical depth and allowing the factor of time to become visible in the process. At the end of the process the choice must be made as to which layers are to be used. These are then stacked as transparent data files and ultimately exposed and printed on photo paper.

**Küchenwissenschaften / Kitchen Sciences**
oben: Blick in die Ausstellung im Kunstverein / rechts: 08. Versuch 02. Version 2008
above: View of the installation at the Kunstverein / opposite: 08th Trial 02nd Version 2008

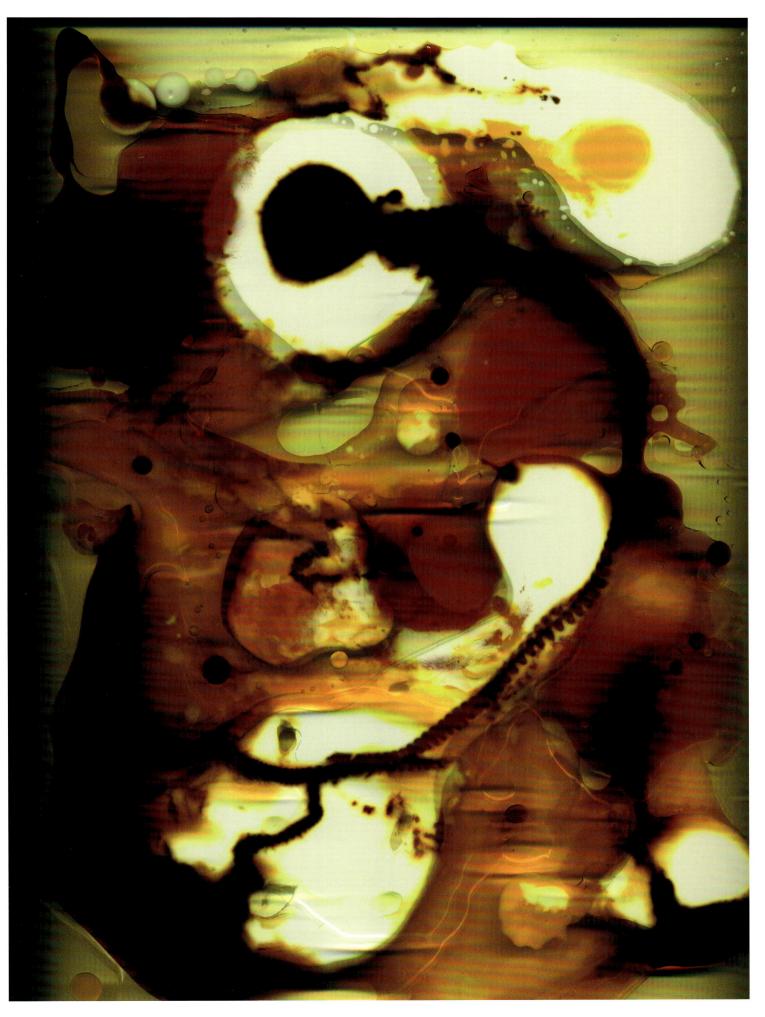

**Küchenwissenschaften**

oben: Blick in die Ausstellung im Kunstverein, systematische Anordnung

rechts: 01. Versuch 03. Version 2008

**Kitchen Sciences**

above: View of the installation at the Kunstverein, systematic layout

opposite: 01st Trial 03rd Version 2008

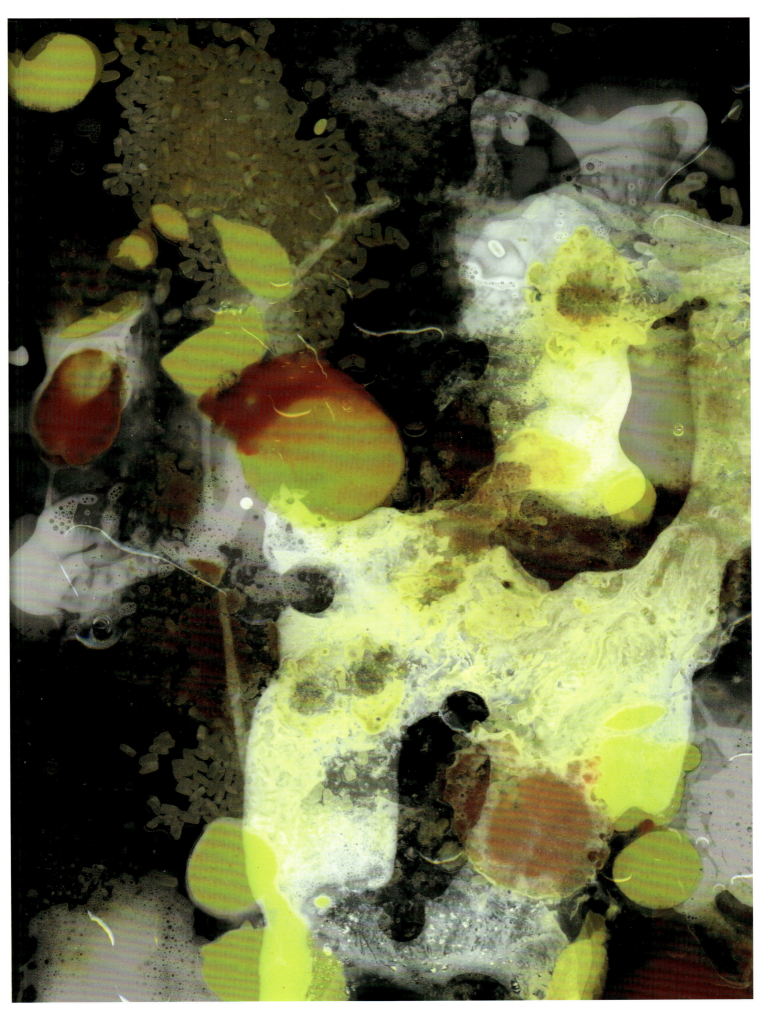

 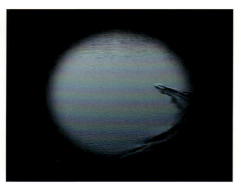 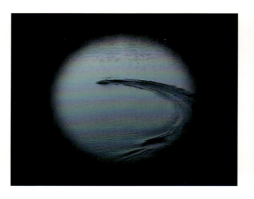 

### Schwanensee

Mein lieber Schwan...

...bist ja bloß ein ferngesteuertes Bootsmodell, hübsch zwar, weiß und schnittig und schnörkellos, eines von der schnellen Sorte, machst Sachen, die man von dir erwartet, wenn man mit den Hebeln der Fernsteuerung spielt, ziehst deine Bahnen auf einem See – tust also genau das, was jedes Kind dir als Bestimmung zuschreiben würde – und findest dich doch (schwups!) plötzlich wieder im Wirthmannschen Kunstuniversum, in dem einfache technische Apparaturen, natürliche und wissenschaftliche Zusammenhänge und die Elemente Luft, Erde und (immer wieder) Wasser Geschichten von Bildhauerei, Malerei und Ästhetik erzählen. Wenn du anmutig über das Gewässer gleitest, zerteilst du seine Oberfläche, erzeugst Bugwellen, die sich den physikalischen Geboten entsprechend ausbreiten, und führst fort, was Markus Wirthmann schon mit anderen Arbeiten (z.B. „pneumatische Wellenmaschine") eindrucksvoll untersuchte: die Erzeugung flüchtiger Skulpturen aus dem „Material" Wasser. Wellen als temporäres Produkt experimenteller Bildhauerei.

So weit, so gut; so einfach und so hintersinnig, doch hört die Geschichte hier keineswegs auf. Im Gegenteil: Der Pseudoschwan, der plastikhafte, wird in seinen grazilen Bewegungen auf Video gebannt und dient fortan als Grundlage für mannigfaltige audiovisuelle Verortungsmöglichkeiten.

Von der Dreidimensionalität performativer Skulpturalität führt die Spur zweidimensional als Videoprojektion zur Filmkunst, hier mit der Möglichkeit des kinetischen Elements als Tanz-Assoziation, dann – raus aus dem Kino und rein in den White Cube – bekommt die Arbeit als auf die Wand des Ausstellungsraumes projizierter Loop einen grafischen Charakter, weist hin auf Zeichnung und

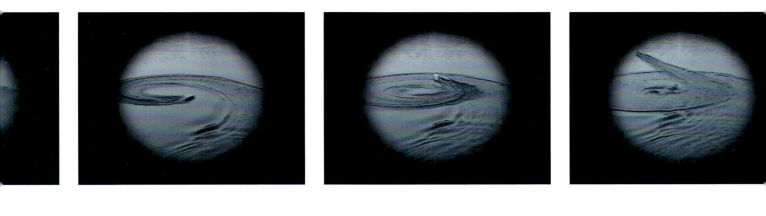

**Küchenwissenschaft / Schwanensee**
Blick in die Ausstellung im Kunstverein
**Kitchen Science / Swan Lake**
View of the installation at the Kunstverein

Malerei und kehrt schließlich als Installation, nunmehr auf eine im Raum befindliche Scheibe geworfen, zurück zur Dreidimensionalität.

Doch langsam: eines nach dem anderen:

Ursprünglich begegnete mir „Schwanensee" als Experimentalfilm. Nebst den Motorgeräuschen des kleinen Rennbootes besteht hier die Tonebene aus Motiven von Peter Tschaikowskys gleichnamigem Ballett. Die Bilder, welche die ferngesteuerten Kapriolen des Kunstschwans auf dem See dokumentieren, sind passend zur Dramaturgie der Musik montiert und lassen so ein fünfminütiges experimentelles Tanzvideo entstehen, dem sowohl Grazie wie auch Schalk innewohnen.

In dieser Version war „Schwanensee" u.a. im Programm „Stillstand und Bewegung – Tanz im Experimentalfilm" zu sehen, welches vom Schweizer Experimentalfilm-Festival VIDEOEX im Theaterhaus Gessnerallee in Zürich präsentiert wurde.

Allerdings entstehen „filmische" Videoarbeiten bei Markus Wirthmann eher als Nebenprodukt seiner künstlerischen Auseinandersetzung. Daß die feine Ironie, die sich als roter Faden durch die meisten seiner Kunstwerke spinnt, hier ihre konsequente Fortführung findet, erstaunt weit weniger als der Umstand, daß er sich plötzlich auf die Regeln filmischer Dramaturgie einläßt und einen „Kurzfilm" produziert, der die Rezeptionsmöglichkeiten benötigt, die der Kinosaal zu bieten hat.

Doch schon die nächste Begegnung mit „Schwanensee" eröffnete mir den Zugang zur eigentlichen Idee, die dem Treiben des Bootes auf dem See zugrunde liegt. Diesmal war die Arbeit als Videoinstallation in einer Ausstellung zu sehen, geloopt, ohne Musik, auf die weiße Wand projiziert. Erstaunlich nun, daß die gleichen Bilder, des filmdramatischen Zusammenhangs entkleidet und von der Kinoleinwand auf den Galeriekontext transferiert, Bedeutung und Zusammenhang radikal wechseln. Die Tanz-Assoziation gerät völlig in den Hintergrund und läßt den Blick frei werden für Grundzüge der Malerei. Die verschiedenen Figuren, die vom Boot auf seiner Jagd durch den See beschrieben werden, hinterlassen Zeichnungen auf der Gewässeroberfläche, die so lange Bestand haben, wie das Wasser braucht, um sich wieder zu glätten.

In der aktuellen Version der Installation geht nun Markus Wirthmann noch einen Schritt weiter und fügt der bewegten Zeichnung die räumliche Dimension hinzu. Der nunmehr kreisrunde Videoausschnitt wird nicht einfach auf eine Wand projiziert, sondern auf eine Scheibe mit einem Durchmesser von ca. 3 Metern, die lose angelehnt im Raum steht. Der leicht unscharfe Rand des projizierten Bildes läßt zudem die Scheibe kugelförmig erscheinen.

Das Ergebnis ist bemerkenswert: Das projizierte Bild ist nun einerseits „bloß" Oberfläche einer plastischen Anordnung, die den Raum einnimmt und ihn definiert, andererseits erzählt es weiterhin augenzwinkernd seine Geschichten von Bewegung, Zeit, Skulptur und Malerei.

Daß die Arbeit, trotz ihrer Schlichtheit und technischen Einfachheit, imstande ist, in die unterschiedlichsten Kontexte zeitgenössischer Kunst transformiert zu werden, verdankt sie dem Umstand, daß Markus Wirthmann die ästhetischen, inhaltlichen und formalen Unterschiede der jeweiligen Zusammenhänge und Rezeptionsmöglichkeiten in den entsprechenden Gattungen sehr wohl kennt und ihnen in seiner Vorgehensweise, gegen jede Beliebigkeit, die ihnen zustehende Relevanz einräumt.

Statt ein Video herzustellen, das formal unverändert, in den unterschiedlichsten Präsentationssituationen gezwungen wird, seine immergleiche Botschaft zu verkünden, läßt sich Markus Wirthmann auf den jeweiligen Zusammenhang ein, auf den jeweiligen Raum, auf den jeweiligen Diskurs und zeigt damit die Stärke von Videokunst jenseits von multimedialer Beliebigkeit auf.

So kann dann ein kleines Plasikboot spannende und lustige Geschichten über Kunst, Verortung, Herkunft und Zusammenhang erzählen und dabei auch noch schön und flott aussehen.

Mein lieber Schwan

Kyros Kikos


**Swan Lake**

I'll swan, My Dearest Swan...

... you are a mere remote-controlled model boat, albeit pretty, white and sleek and pared down, one of the fastest kinds, you do the things expected of you when we play with the remote controls. Cutting your swaths across the lake – you do exactly what any child would want you to do – and then (Bam!), you suddenly find yourself again in Wirthmann's universe of art, in which simple technical apparatuses, natural and scientific relationships and the elements of air, earth, and (repeatedly) water, tell stories of sculpture, painting, and aesthetics. When you so charmingly glide across the water, you divide its surface, creating bow waves spreading in accordance with the laws of physics, and you impressively continue what Markus Wirthmann had already been researching with other works (for example, his "pneumatic wave machine"): The creation of fleeting sculptures using water as "material". i e., waves as temporary products of experimental sculpture.

So far, so good; it all seems so simple and yet it has a deeper meaning; what is

more, the story in no way ends here. Quite the contrary: the pseudo-swan, plastic-like, is captured on video with its graceful movements, and thus serves as the basis for manifold audio-visual possibilities of positioning.

From the three-dimensionality of performance sculpture the path leads through a two-dimensional video projection to film art, here with the possibility of the kinetic element associated with dance. Then – leaving the cinema to enter the White Cube – the work, as a loop projected upon the wall of the exhibition room, takes on a graphic character, indicating drawing and painting, and ultimately returns to three-dimensionality in the form of an installation, now thrown upon a disc located in the room.

But slowly: one thing after another:

Originally "Swan Lake" struck me as an experimental film. In addition to the motor noises of the small racing boat, the sound level here consists of motifs from Peter Tchaikovsky's ballet by the same name. The pictures, which document the capers of the remote-controlled fake swan on the lake, fit in with the dramaturgic staging of the music and in this manner, allow a five-minute experimental dance video to come about, displaying both grace as well as wit. In this version, "Swan Lake" could be seen, among other things, in the program "Standstill and Movement – Dance in Experimental Film", presented by the Swiss experimental film festival VIDEOEX at the Theaterhaus Gessnerallee in Zurich. However, with Markus Wirthmann, cinematographic video works rather occur as an incidental product of his artistic grapplings. The fact that this fine irony, threading its way through most of his art work, finds here a logical continuation, astonishes us much less than the fact that he also suddenly bows to the rules of film directing and produces a "short film" that calls for the possibilities of reception that a cinema audience offers. But already the next encounter with "Swan Lake" provided me with an access to the actual idea underlying the drifting of the boat on the lake. This time the work could be viewed as a video installation in an exhibition, looped and without music, projected onto the white wall. What astonished me now was that the same pictures, stripped of their dramatic relationship of film and transferred to a gallery context, change in their meaning and context. The dance association is wholly relegated to the background, opening the view to the basic characteristics of painting instead. The various figures described by the boat on its pursuit through the lake, leave drawings on the surface of the water, which remain as long as the water needs to smooth out again.

In the most recent version of the installation Markus Wirthmann now goes a step further and adds to the moving drawing a spatial dimension. What is now a circular video excerpt is not simply projected onto a wall, but onto a disc ca. three meters in diameter, which stands in the room unattached, leaning against the wall. The slightly blurred edges of the projected image serve to make the disc seem spherical.

The result is remarkable: The projected image is now on the one hand the "mere" surface of a plastic structure, which takes up space and defines it; on the other hand it continues to tell with a wink its stories of movement, time, sculpture, and painting.

Despite its austerity and technical simplicity, the fact that the work may be transformed into the most varying contexts of contemporary art is due to Markus Wirthmann's being familiar with the differences in the respective contexts concerning aesthetics, contents, and possibilities for reception in the different genres and his allowing them the relevance they deserve in his approach while excluding any randomness.

Instead of producing a video, that is always forced to proclaim the same message in the various presentation situations, formally unchanged, Markus Wirthmann deals with each respective context, with each respective room, with each different discourse, thus revealing the strength of video art beyond any multimedial arbitrariness.

In this way, a little plastic boat can tell us funny and exciting stories about art, places, origins, and context, looking swift and beautiful all the while.

I'll swan.

Kyros Kikos

Pappkartons 1989  
Cardboard Boxes 1989

Springbrunnen 1989  
Fountain 1989

Coriolis 1990

Schwingu  
Oscillatic

  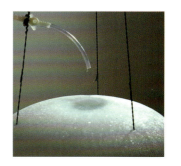

Schwingungsversuch (2 Bottiche) 1992  
Oscillation test (2 vats) 1992

Eisblock 1992  
Ice B ock 1992

Ku  
Re

Jet d'eau 1993

Pneumatische Wellenmaschine 1  
Pneumatic Wave machine 1995

Aschaffenburg. Ein Modell 1996  
Model of the City of Aschaffenburg 1996

Aschaffenburg. Planet 1996

36

(Eimer) 1992   Spekulativer Versuch zur additiven Mischung 1992   Drill 1992
.et) 1992         Speculative Attempt at Additive Mixing 1992

und Tiefkühltruhen 1992                              BKM Bethania 1993
and Deep Freezers 1992

Staudenhof (remix) 1996                              T-Spirale 1996
                                                     T-Spiral 1996

qua Cerulea 1997   Aquaristik 1997
                   Aquaristics 1997

   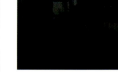

Vorhang / Wasserfall 1996
Curtain / Waterfall 1996

Lichtbildschau 1998
Slide Show 1998

Lackoolithe 1999

Das zwa
The Twe

Buchstäblich infiziert, seit 2000
Literally infected, since 2000

Wasserfall Vo
Waterfall Vo

Solar Observatory (Desert Style) 2001

In der we
Inside th

hundert. Kapitel V: Sonnenfinsternis 2000
ry. Chapter V: The Total Eclipse 2000

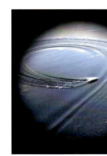

Schwanensee 2001
Swan Lake 2001

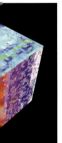

Der Überflug 2002
The Fly-Over 2002

Lackschichthorizonte 2003
Layered Lacquer Horizons 2003

Lackdreh
Lacquer R

Äolische Prozesse - Wüste Gera 2004
Aeolian Processes - Gera Dersert 2004

Bodenluftabsaugung 2004
Soil Vapor Extraction 2004

Äolische Prozesse - Wüste Berlin 2005
Aeolian Processes - Berlin Desert 2005

Kaskadisches Volumen-Annäherungsverfahren: Gießen 2005
Cascadic Volume Approximation Procedure: Gießen 2005

Lackschicht-Kupolen 2007
Lacquer Layer Cupola 2007

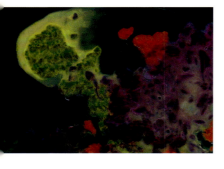  

Küchenwissenschaften 2008
Kitchen Sciences 2008

40

   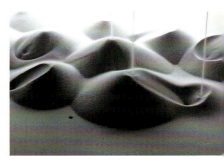

Volumen / Trichter / Kegel 2005　　Kaskadisches Volumen-Annäherungsverfahren: Harz 2005
Volume / Funnel / Cone 2005　　Cascadic Volume Approximation Procedure: Harz Mountains 2005

 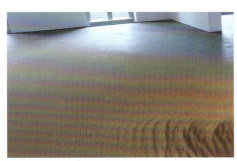  

Äolische Prozesse - Wüste Neuenhaus 2008
Aeolian Processes - Neuenhaus Desert 2008

**Nachwort**

Ein fünf Millimeter breites Loch durch die Decke eines Ausstellungsraumes zu bohren ist uns nicht neu, denn manchmal werden Kabel oberhalb der Decke verlegt. Diesmal entstand durch ein solches Loch ein Kunstwerk, die brillante Fortführung der Wirthmannschen „Äolische Prozesse". Möglich, da das nicht ausgebaute Obergeschoß 1,5 Tonnen Sand ohne weiteres aufnehmen konnte. Die Reihe „Äolische Prozesse" erhielt eine neue Dimension, Besucher sahen die tägliche Veränderung und ließen fasziniert ihren Assoziationen freien Lauf. Keiner, auch nicht der Künstler, konnte wissen, welche ‚Dünenlandschaft' aus dem Zusammenspiel von auf den Sandstrahl gerichtetem Wind und diesem Raum entstehen würde. Künstler und Betrachter – gemeinsam dem Experiment, der Zeit und den damit einhergehenden Visionen überlassen – beobachteten das Entstehen eines ästhetisches Objektes aus flüchtigen, sichtbaren wie unsichtbaren Materialien
Wirthmanns bisheriges Werk auf einen Begriff zu bringen ist schwierig, da es sich ebenso im Prozeß befindet wie jede einzelne seiner Werkreihen.
Wirthmann, der Künstlerforscher, schaut hinter die Antriebswelle der Welt, versucht sie offenzulegen und wird erst dann wirklich verstanden, wenn auch uns der Blick auf die Ent-Grenzung der Kunst leicht fällt. Denn das Kunstwerk wird weiterhin an der Vorherrschaft der Disziplinen gemessen. Wirthmann, der ‚Bildhauer', dessen Materialien flüssig, flüchtig und unsichtbar sind, hebelt den üblichen Kanon des Bildhauerwissens aus, verbildlicht die Instabilitäten seiner Ordnung, demontiert bestimmte Begriffe der Kunst und entmythologisiert sie als Reservat von Genie und Innerlichkeit. Seine künstlerische Praxis hat kein Problem mit der experimentellen Ankoppelung des Kunstprozesses an so genannte wissenschaftliche Prozesse. Wirthmanns Kunst wird zum Feld offener Forschung, setzt Überraschungen frei, bricht mit traditionellen Vorstellungen und befreit sie von ihrer Eigenart. Er weist augenzwinkernd auf den blinden Fleck der ‚Inter-Disziplinarität' hin.
Die Ausstellung im Kunstverein in Neuenhaus konzentriert sich auf die Zyklen „Äolische Prozesse", „Schwanensee" und „Küchenwissenschaften".
Im vorliegenden Katalog sind diese dokumentiert und durch weiteres Bildmaterial ergänzt. Die Synopse auf den Seiten 36 bis 41 gibt einen groben Überblick über die Entwicklung des Wirthmannschen Werkes seit 1989.
Es hat uns eine außerordentliche Freude bereitet, Markus Wirthmann Raum zu geben und mit ihm einen noch ungesicherten Raum am Beginn des 21. Jahrhunderts zu betreten. Ich danke ihm dafür.
Wir danken dem aufgeschlossenen Unternehmen Deope Backstein-Keramik, das den feinen Sand aus unfernen Gruben stiftete, den Autoren Peter Lang und Kyros Kikos sowie allen Helfern bei der Durchführung des Projektes. Besonderer Dank gilt der Unterstützung durch die Niedersächsische Lottostiftung, dem Land Niedersachsen und der Stadt Neuenhaus. Durch diese Förderungen erst wurde das Projekt möglich.

Gudrun Thiessen-Schneider

**Afterword**

There is nothing too unusual about boring a hole five millimeters wide in the ceiling of an exhibition room, since sometimes cables are laid above the ceiling. This time a work of art came about because of such a hole, the brilliant continuation of Wirthmann's "Aeolian Processes". It was possible because the unfinished upper story was able to accommodate 1 ½ tons of sand. The "Aeolian Processes" series took on a new dimension; visitors witnessed the daily changes and were fascinated, giving their associative thoughts free rein. No one, not even the artist, could know what would become of the interplay between the wind directed at the trickling sand and that room. The artist and the viewers, all subjected together to the experiment, the time, and the accompanying visions, saw the emergence of an aesthetic object consisting of fleeting materials, both visible and invisible.

Affixing a label to Wirthmann's work as it has developed up to now is difficult, since it is an ongoing process, just like each of his individual series of works.

Wirthmann, the artist researcher, gets behind the driving force of the world, tries to expose it, but he may only really be understood at the point when it also comes easy to us to look at art as it loses its boundaries. For works of art are still defined by the predominance of the disciplines. Wirthmann the 'sculptor', whose materials are fluid, fleeting, and invisible, undermines the customary canon of sculptor's knowledge, illustrates the instabilities of its order, deconstructs certain concepts of art and de-mythologizes them as a reserve for genius and introspection. His artistic practice has no problem with the experiment of linking the process of art to so-called scientific processes. Wirthmann's art becomes a field of open research, triggering surprises, breaking with traditional notions and freeing them of their idiosyncracies. Tongue-in-cheek, he points to the blind spot of interdisciplinarity.

The exhibition at the Kunstverein in Neuenhaus concentrates on the cycles of "Aeolian Processes", "Kitchen Sciences", and "Swan Lake". They have been documented in this catalogue and supplemented with additional picture material. The synopsis on pages 36 to 41 features a rough overview of the development of Wirthmann's oeuvre since 1989. It has been a particular pleasure to give Markus Wirthmann space, and with this, to enter the yet unsecured space of the beginning of the 21st century.

My thanks go to him for this.

Our gratitude goes to the open-minded Deppe Backstein-Keramik Company, which provided the fine-grained sand from nearby pits, the authors Peter Lang and Kyros Kikos, as well as all of those who helped to realize this project.

Our special thanks goes to the Niedersächsische Lottostiftung, the State of Lower Saxony, and the City of Neuenhaus for all of their support. This project could only be realized with all of this support and funding.

Gudrun Thiessen-Schneider

**Markus Wirthmann**
***1963**, Aschaffenburg
**1986-93** Studium an der Hochschule für Bildende Künste Braunschweig und der Hochschule der Künste Berlin; Meisterschüler, HdK Berlin **1989** Mitgründer der KOMAT Galerie, Braunschweig **1991** Stipendium des Cusanuswerks **1993** NaföG-Stipendium des Berliner Senats **1995** Tutorial am Goldsmith College, University of London Gastlehrer an der Kunsthochschule Valand, Göteborg, Schweden **1996** Arbeitsstipendium des Berliner Senats Lehrauftrag an der HdK Berlin **1998** Künstlerischer Mitarbeiter an der HdK Berlin **1999** Landesstipendium Atelierhaus Worpswede **2002** Förderpreis für Zeitgenössische Kunst des Neuen Kunstvereins Aschaffenburg **2003** *Dix-Preis 2003* **2004** Arbeitsstipendium des Berliner Senats Gründung und Entwicklung von *lueckeundpartner* mit Heike Lücke **2005** Entwicklung von Kunst-Blog.com mit Adib Fricke und Peter Lang **2006** Lehrauftrag an der UdK Berlin Gastprofessur, UdK Berlin **2007** Gastprofessur, CDK Hangzhou, China Gastprofessur, HfBK Dresden **2008** Gastprofessur an der CDK Hangzhou, China

**Einzelausstellungen** **1992** *Für Celsius und Fahrenheit*, Galerie Dröscher-Meyer, Düsseldorf **1993** *Jet d'eau (Herrenhausen)*, Rote Villa, Berlin **1996** *Aschaffenburg. Ein Stadtmodell*, Neuer Kunstverein Aschaffenburg **1997** *Aquaristik*, empty rooms, Berlin **1998** *Jet d'eau (Lichtenwalde)*, Voxxx, Chemnitz *Lichtbilaschau*, ideenshop, Berlin **1999** *Aquaristik V 2.0*, Kunstverein Braunschweig *fest und flüssig*, Walter Storms Galerie, München **2000** *Das XX. Jahrhundert. Kapitel 5: Die Sonnenfinsternis*, Goethe-Institut, Dakar, Senegal *literally infected*, Ausstellungsraum Karl-Liebknechtstraße 26, Leipzig **2001** *literally infected*, Galerie Markus Richter, Berlin **2002** *Schwanensee*, Theater am Halleschen Ufer, Berlin **2003** *Dix-Preis 2003*, Galerie der Stadt Stuttgart *Schwanensee*, Hamburger Botschaft e.V., Hamburg Galerie Mueller-Roth, Stuttgart *Inside The White Cube*, Kunsthalle Göppingen **2004** *Dix-Preis 2003*, Kunstsammlung Gera *Donnerwetter*, Fassadengalerie Mount Warning, Berlin **2005** *Äolische Prozesse*, Kunstbank Berlin *Zimmerbrunnen*, Doppelzimmer, Gießen **2006** *Lackschicht-Horizonte*, lueckeundpartner, Berlin **2007** *Erstes bis viertes Gesetz für moderne Dienstleistungen am Arbeitsmarkt (Hartz I-IV)*, lueckeundpartner, Berlin **2008** *Küchenwissenschaften/Kitchen Sciences*, Kunsthaus Erfurt *Äolische und andere Prozesse*, Kunstverein Grafschaft Bentheim, Neuenhaus

**Gruppenausstellungen** **1989/90** *germinations 5*, Lyon, Breda, Bonn **1990** R. Splitt und M. Wirthmann im Braunschweigischen Landesmuseum *KLASSE*, Kunstverein Celle **1993** *Eckpunkte*, Städtische Galerie Kornwestheim *Subjekt, Prädikat, Objekt*, Haus am Waldsee, Berlin **1994** D. Kuwert, C. Bilger und M. Wirthmann in der Kampnagelfabrik, Hamburg *Das Zauber-schwesternpaar* Galerie Dröscher-Meyer, Düsseldorf **1995** *NEST / pneumatische Wellenmaschine*, 10 Martello Street, London **1996** *357 km/h 98,6°F 1.Kor 3,11* Staudenhof-Galerie, Potsdam **1997** *splendid isolation*, OSMOS Berlin zu Gast in Summt *art club berlin*,

Art Forum Berlin  *Looking Abroad*, Corcoran Gallery of Art, Washington D.C.
**1998** *Last House on the Left*, Arkipelag, Stockholm  *art club berlin*, Mies-van-der-Rohe-Pavillon, Barcelona  *Transmutar*, L´Angelot, Barcelona  *Skulptur Berlin. Positionen der 90er*, Kunst Haus Dresden  **1999** *Import*, Goethe-Institut, Washington D.C.  *Mailand oder Madrid – Hauptsache Italien*, Expressguthalle, Aschaffenburg  **2000** *Anja Teske / Markus Wirthmann*, Galerie Sandmann & Haak, Hannover  *the box project touring show*, Turnpike Gallery, Manchester, Angel Row Gallery, Nottingham  *BMA 2000 – Positionen neuer Kunst aus Berlin*, Kunstverein Aschaffenburg  *www.vockerode-art.de, ein Workshop*, Kraftwerk Elbe, Vockerode  *Manchmal hat man vom Leben nicht mehr als gutes oder schlechtes Wetter*, Galerie Müller, Schütz und Rohs, Köln  *Pflummi*, Brix-Ausstellungsraum, Berlin  **2001** *literally infected / buchstäblich infiziert*, Galerie Markus Richter, Berlin  *Verführung des Anderen*, Sammlung Joachim Grommek, BRIX, Berlin  *Privat. Zu Besuch bei Hannibal Collector*, Harald Falckenberg, Hamburg  8. Triennale der Kleinplastik, *Vor-Sicht Rück-Sicht*, Fellbach  *Camouflage*, The Nehru Centre, High Commission of India, London  *Tulipamwe*, The Franco-Namibian Cultural Centre, Windhoek, Namibia  *eyes look into the well*, Brandenburgischer Kunstverein, Potsdam  **2002** Galerie Mueller-Roth, Stuttgart  *Nashville II*, Kunstverein Harburger Bahnhof, Hamburg  *Schwanensee, der Film*, 18. Internatio-nales Kurzfilmfestival Hamburg  *Aurora Berlinalis 2002*, Staatliche Münze Berlin  *Luftschiffe – die nie gebaut wurden*, Zeppelin Museum Friedrichshafen  *repeat*, Galerie im Turm, Berlin  *J. Ehsen*, Kulturzentrum Altes Pfarrhaus, Bialowice, Polen  *Luftschiffe – die nie gebaut wurden*, Art Kite Museum, Detmold  **2003** Museum of Installation, London  *repeat*, Künstlerhaus Bergedorf, Hamburg  *Trees of Light*, Institute of European Culture, Pultusk School of Humanities, Pultusk, Frombork, Polen  *Horst-Janssen-Grafik-Preis*, Horst-Janssen-Museum, Oldenburg  **2004** *Hotel Eden,* Duisburg  *Dialog Loci*, Kostrzyn/Küstrin  *Ideen von Künstlern bei eBay*, lueckeundpartner  *JEFF, Jahresendflügelfigur*, Kunst_Schule, Berlin  **2005** *Schwanensee*, VIDEOEX, Internationales Experimentalfilm & Video Festival, Zürich  *DER HARZ*, Grauer Hof, Kunst- und Kulturverein Aschersleben e.V. & Städtisches Museum Aschersleben  *12 x 1 = 00*, Gästehaus der Deutschen Bischofskonferenz, Bonn  *Der Luecke-und-Partner-Advents-Kalender*, lueckundpartner, Berlin  **2006** *12 x 1 = 00*, Gesellschaft für christliche Kunst, München  *wir haben keine probleme ...*, Backfabrik, Berlin  *12 x 1 = 00*, Diözesanmuseum Regensburg  lueckeundpartner, Berlin  **2007** *Worpswunder*, Kunstverein Springhornhof, Neuenkirchen  *Neuerwerbungen*, Berlinische Galerie  *12 x 1 = 00*, Sankt Burkardushaus Würzburg, Akademie Franz-Hitze-Haus, Münster, Kath. Akademie Stuttgart-Hohenheim  *Schwanensee* VIDEOEX, Zürich  *Zehner*, glue, Berlin  *DIE ELBE [in]between - Wasser, Ströme, Zeiten*, Kunstmuseum Kloster Unser Lieben Frauen, Magdeburg  **2008** *Schwanensee (thub) - remix*, Galerie Mueller-Roth, Stuttgart  *The Joy of Painting*, Maurus Gmür, Berlin  *Kunstinvasion*, Blumen-großmarkt Berlin  *Coincidence & Necessity* Market Gallery, Glasgow.

Impressum / Colophon

**Herausgeber / Publisher**
Gudrun Thiessen-Schneider
Kunstverein Grafschaft Bentheim
Hauptstraße 37, 49828 Neuenhaus
www.kunstverein-grafschaft-bentheim.de

Dieser Katalog erscheint anläßlich der Ausstellung /
This catalogue is published in conjunction with the exhibition
Markus Wirthmann, Äolische und andere Prozesse
im / at the Kunstverein Grafschaft Bentheim,
22. Juni bis 31. August 2008 / June 22 through August 31, 2008

**Ausstellung / Exhibition**
Markus Wirthmann, Gudrun Thiessen-Schneider
Mitarbeit / assistance: Jürgen Sindermann

**Katalog / Catalogue**
Gudrun Thiessen-Schneider mit / with Markus Wirthmann
Fotos: Markus Wirthmann, Jürgen Baumann (S. / p. 16, 17),
Gudrun Thiessen-Schneider (S. / p. 1 – 11, 22, 24, 26, 30, 48)
Texte / texts: Peter Lang, Kyros Kikos
Übersetzung / translation: Elizabeth Volk
Lektorat / lectorate: Regina von Beckerath
Druck und Lithografie / Printing and Lithography: Flevodruk Harderwijk,
Westeinde 100, 3844 DR Harderwijk, Niederlande
www.flevodruk.nl

© 2009 Kunstverein Grafschaft Bentheim, Markus Wirthmann,
für die Texte: bei den Autoren, für die Abbildungen: bei den Fotografen

Printed in the Netherlands
ISBN 978-3-9810693-3-4

Homepage Markus Wirthmann: www.markus-wirthmann.de

**Dank / Thanks to**
Das Projekt wurde unterstützt durch die Niedersächsische Lottostiftung,
die Stadt Neuenhaus, das Land Niedersachsen,
die Firma Deppe Backstein-Keramik und Helmut Claus, Köln